Gerald Rösel

Alternative technische Lösungen im Antriebsstrang im Automobil

Gerald Rösel

Alternative technische Lösungen im Antriebsstrang im Automobil

Aluminium statt Kupfer - Untersuchung vor dem Hintergrund des Megatrends der CO_2 - Reduzierung

Reihe Realwissenschaften

Impressum / Imprint

Bibliografische Information der Deutschen Nationalbibliothek: Die Deutsche Nationalbibliothek verzeichnet diese Publikation in der Deutschen Nationalbibliografie; detaillierte bibliografische Daten sind im Internet über http://dnb.d-nb.de abrufbar.

Alle in diesem Buch genannten Marken und Produktnamen unterliegen warenzeichen-, marken- oder patentrechtlichem Schutz bzw. sind Warenzeichen oder eingetragene Warenzeichen der jeweiligen Inhaber. Die Wiedergabe von Marken, Produktnamen, Gebrauchsnamen, Handelsnamen, Warenbezeichnungen u.s.w. in diesem Werk berechtigt auch ohne besondere Kennzeichnung nicht zu der Annahme, dass solche Namen im Sinne der Warenzeichen- und Markenschutzgesetzgebung als frei zu betrachten wären und daher von jedermann benutzt werden dürften.

Bibliographic information published by the Deutsche Nationalbibliothek: The Deutsche Nationalbibliothek lists this publication in the Deutsche Nationalbibliografie; detailed bibliographic data are available in the Internet at http://dnb.d-nb.de.
Any brand names and product names mentioned in this book are subject to trademark, brand or patent protection and are trademarks or registered trademarks of their respective holders. The use of brand names, product names, common names, trade names, product descriptions etc. even without a particular marking in this works is in no way to be construed to mean that such names may be regarded as unrestricted in respect of trademark and brand protection legislation and could thus be used by anyone.

Coverbild / Cover image: www.ingimage.com

Verlag / Publisher:
AV Akademikerverlag GmbH & Co. KG
Heinrich-Böcking-Str. 6-8, 66121 Saarbrücken, Deutschland / Germany
Email: info@akademikerverlag.de

Herstellung: siehe letzte Seite /
Printed at: see last page
ISBN: 978-3-639-46685-0

Copyright © 2013 AV Akademikerverlag GmbH & Co. KG
Alle Rechte vorbehalten. / All rights reserved. Saarbrücken 2013

für e.

Zusammenfassung

Im Rahmen dieser Arbeit werden Möglichkeiten alternativer technischer Lösungen im Antriebsstrang eines Automobils untersucht. Vor dem Hintergrund der CO_2-Reduzierung soll sich daraus eine Handlungsalternative für die Spulenwicklung von Elektromagneten ergeben.

Konkret wird die Substitution von Kupfer durch Aluminium untersucht. Dazu werden die Eigenschaften der beiden Materialien gegenüber gestellt und ein gesamtökologischer und ökonomischer Vergleich durchgeführt. Des Weiteren werden die „versteckten Emissionen", die Kupfer und Aluminium im „Rucksack" tragen, anhand von Ökobilanzen aufgezeigt und im weiteren Verlauf die CO_2-Emissionen während der Nutzungsphase im Automobil verglichen.

Durch die Ergebnisse leitet sich sowohl aus ökologischer wie auch aus ökonomischer Sicht Handlungsbedarf für Unternehmen ab.

Inhaltsverzeichnis

Zusammenfassung 2

Inhaltsverzeichnis 3

1	**Einleitung**	**5**
2	**Zielsetzung und Fragestellung dieser Arbeit**	**7**
3	**Darstellung der Firma Rausch & Pausch GmbH**	**8**
3.1	Geschäftsfelder RAPA	9
3.2	Antriebsstrang – Aufbau und Konzepte	9
3.3	Getriebekonzepte	10
3.4	Megatrends in der Automobilindustrie	14
3.4.1	Maßnahmen zur Verbrauchsreduzierung	17
3.4.2	Betätigungsfelder für die RAPA	19
3.5	Hypothese	19
4	**Physikalische, chemische und technologische Eigenschaften von Kupfer und Aluminium**	**22**
5	**Ökologische Wirkungen der Herstellung und Verarbeitung von Aluminium und Kupfer**	**26**
5.1	Methodik	26
5.2	Ökobilanz zu Kupfer und Aluminium	28
5.2.1	Rohstoffsystem Kupfer	28
5.2.2	Rohstoffsystem Aluminium	31
5.2.3	Fazit	36
5.3	Untersuchungsrahmen	37
5.4	Gegenüberstellung der Umweltbelastungen	38
5.4.1	Substitutin von Kupferdraht durch Aluminiumdraht im Automobil	40
5.4.2	Auswirkungen auf die CO_2-Emissionen in der Nutzungsphase	41
5.5	Einsatz Aluminium in der Automobilindustrie heute	45
6	**Aluminium statt Kupfer in der RAPA**	**46**
6.1	Möglichkeiten mit ANO-FOL	47

6.2 Gewichteinsparung durch Substitution im HIS®..................48

7 Zusammenfassung und Ausblick 51

Abkürzungen und Begriffserläuterungen...........................54

Abbildungsverzeichnis 56

Tabellenverzeichnis 56

Grafikverzeichnis 56

Anhang A: 57

Literaturverzeichnis..60

1 Einleitung

Die Automobilindustrie gerät in heutiger Zeit zunehmend unter Druck, den Verbrauch und somit den CO_2-Ausstoß von Kraftfahrzeugen zu reduzieren. Dabei spielen nicht nur umweltpolitische Vorgaben eine Rolle, sondern auch begrenzte Ressourcen von Erdöl, Entstehung von Megacitys, der demographische Wandel und steigende Rohstoffpreise.

Aus diesem Motiv heraus setzten die Automobilhersteller und ihre Zulieferer in den letzten Jahren verstärkt auf die Entwicklung neuer Technologien und die Optimierung der herkömmlichen Technik des Automobils. Die technischen Hebel zur CO_2-Reduzierung werden in verschiedenen Bereichen angesetzt. Den größten Beitrag - ca. 50 % - leisten dabei aggregatseitige Maßnahmen, jeweils ca. 15 % Senkung werden mit Leichtbau, Verringerung des Rollwiderstands und des c_w-Wertes erreicht. Weitere 5 % können mit geringerem Stromverbrauch erzielt werden.[1]

Seit den 70er Jahren hat sich die deutsche Automobilindustrie selbst verpflichtet, den Kraftstoffverbrauch massiv zu reduzieren. Im Betrachtungszeitraum 1978 bis 2005 hat sich der durchschnittliche Verbrauch im PKW um ca. 42 % reduziert. Steigende Ansprüche an Komfort und höhere Forderungen an Sicherheit bedingen aber ein höheres Gewicht, was sich kontraproduktiv auf eine Reduzierung des Kraftstoffverbrauchs auswirkt.[2]

Das Hauptanliegen dieser Arbeit besteht darin, die Möglichkeiten zur CO_2-Reduzierung durch alternative Lösungen im Antriebsstrang aufzuzeigen. Dabei liegt das Augenmerk auf Gewichtsreduzierung durch Substitution von Kupfer durch Aluminium. Im Bordnetz und als Spulenwicklung in Magnetventilen findet größtenteils Kupfer Anwendung; durch die Verwendung von Aluminium kann eine

---

[1] Goede, 2007, S. 6
[2] vgl. Stromberger, Integrated Approach: Konzept einer nachhaltigen CO_2-Reduktion, 2006

signifikante Gewichtsreduzierung von bis zu 50 % erreicht werden. Durch voranschreitende Elektrifizierung und elektronische Steuerungen im Antriebsstrang kommen zunehmend auch Systeme mit Magnetventilen zum Einsatz.

Das bedeutet: Der Kupferanteil im Automobil wird in den nächsten Jahren steigen.

Die Materialien Kupfer und Aluminium werden in ihren technischen Eigenschaften, sowie ökonomisch als auch ökologisch unter Verwendung der Daten von Life Cycle Assessments (LCA) nach ISO 14040 und ISO 14044, verglichen. Vor- und Nachteile der beiden Materialien werden gegenübergestellt und daraus Handlungsalternativen am Beispiel der Fa. RAPA abgeleitet.

2 Zielsetzung und Fragestellung dieser Arbeit

Im Rahmen dieser Arbeit werden Möglichkeiten der CO_2-Emissionsreduzierung durch aktuelle Produkte der Fa. RAPA in Beziehung auf Megatrends wie Nachhaltigkeit, High-Tech die Elektrifizierung des Antriebsstrangs in der Automobilindustrie aufgezeigt. Im weiteren Verlauf wird der Einsatz von Kupfer genauer betrachtet; es werden die Vor- und Nachteile sowie die Möglichkeiten der Verwendung von Aluminium statt Kupfer untersucht. Im Zuge des Megatrends Gewichtsreduzierung ist in der Substitution von Kupfer durch Aluminium Potenzial aus Sicht der Forschung und Entwicklung in der Automobilindustrie zu erkennen.

Durch diese Untersuchung sollen folgende Leitfragen beantwortet werden:

- ➔ Ist die Verwendung von Aluminium als Spulenwicklung in vorhandenen Systemen möglich?
- ➔ Welche Auswirkung auf den CO_2-Ausstoß hat das in der Nutzungsphase?
- ➔ Ist unter Betrachtung der Gesamtenergiebilanz und Ressourceneffizienz die Verwendung von Aluminium statt Kupfer sinnvoll oder führt es zur Verlagerung statt zur Lösung des Problems?

Um diese Fragen zu klären, werden die physikalischen, chemischen, technologischen und ökologischen Werkstoffeigenschaften von Kupfer und Aluminium gegenübergestellt und Vor- und Nachteile der beiden Materialien miteinander verglichen. Der ökonomische und ökologische Vergleich basiert auf vorhandenen Daten und Fakten. Zugrunde liegen der berechnete kumulierte Energieaufwand (KAE) für Kupfer und Aluminium des Umweltbundesamts, Daten des Deutschen Kupferinstituts und weitere Daten aus vorhandenen Untersuchungen.

3 Darstellung der Firma Rausch & Pausch GmbH

Die Firma Rausch & Pausch GmbH (RAPA) wurde 1920 gegründet und ist bis heute ein reines Familienunternehmen mit Sitz in Selb/Oberfranken. Das Unternehmen beschäftigt derzeit ca. 250 Mitarbeiter.

In den Anfangsjahren wurden Installationssicherungen gefertigt; ab 1950 wurde die Produktpalette um Schaltrelais erweitert. Mit der Entwicklung von Elektromagnetventilen begann 1985 der Einstieg als Automobilzulieferer.

Die Kernkompetenzen der Firma RAPA sind Konzeption, Konstruktion, Simulation und Erprobung von elektromagnetischen Aktuatoren und Systemen. Montageprozesse und Serienprüftechnik werden entwickelt und die dazugehörige Hard- und Software geplant und beschafft. RAPA konzentriert sich zu 90 Prozent auf Forschung und Entwicklung von Magnetventilen und Magnetventilsystemen sowie auf die zur Herstellung notwendige Prozess- und Prüftechnik. Die Primärteilfertigung der Komponenten für Ventile und Systeme wird an Spezialfirmen weitergegeben.

Zu den modernen und technologisch hoch entwickelten Montageanlagen gehören die Anlagen für die Spulenwicklung. Hier werden automatisch Spulen für die Magnetventile gewickelt, verlötet und geprüft.

3.1 Geschäftsfelder RAPA

Die RAPA GmbH ist im Automobilbereich in drei Geschäftsfelder aufgeteilt:

Exterior Chassis: Entwicklung und Produktion aktiv geregelter Fahrwerksysteme, die in hochpreisigen Automobilen zum Einsatz kommen.

Im Bereich **Comfort Systems** werden komplette Dachantriebssysteme, Proportionalmagnetventile, Pumpen sowie Einzelventile und Ventilblöcke für die Cabrio-Verdecksteuerung entwickelt und hergestellt.

Powertrain: in diesem Bereich werden unterstützende Systeme für den Antriebsstrang entwickelt und hergestellt.

Der HIS® (Hydraulische Impulsspeicher) wurde für die Firma ZF Friedrichshafen AG entwickelt und kommt im 8-Gang-Automatgetriebe (8 HP) zum Einsatz.

Die Funktionsweise wird im Folgenden noch genauer betrachtet.

Weitere Projekte zur Optimierung des Antriebsstrangs wurden von Original Equipment Manufacturer (OEM) angefragt und sind in der Entwicklung. Durch Optimierung im Antriebsstrang, speziell in der Weiterentwicklung der Automatik- und Doppelkupplungsgetriebe, sehen die Automobilhersteller und Zulieferer enormes Potenzial zur Kraftstoffreduzierung und somit zur Reduzierung der CO_2-Emissionen.[3]

3.2 Antriebsstrang – Aufbau und Konzepte

Zum Antriebsstrang im Automobil gehören alle Komponenten eines Fahrzeugs, die das Drehmoment des Motors auf die Straße übertragen. Bei herkömmlichen Fahrzeugantrieben wie Otto- und Diesel-Motor gehören die Komponenten Motor, Getriebe oder Automatikgetriebe und Antriebsachsen zum Antriebsstrang.

In den letzten Jahren wurden Konzepte entwickelt, bei denen ein Fahrzeug nicht ausschließlich mit einem Verbrennungsmotor angetrieben wird, sondern zusätzlich

---

[3] vgl. Omotoso, Alternative Powertrain Sales Forecast, 2008

durch Elektromotoren. Werden mindestens zwei verschiedene Antriebskomponenten verbaut, spricht man von einem Hybridfahrzeug.

Wird auf den Verbrennungsmotor komplett verzichtet und wird das Fahrzeug ausschließlich von elektrischen Komponenten angetrieben, handelt es sich um ein Elektrofahrzeug. Wesentliche Teile im Antriebsstrang, wie Kupplung und Getriebe, entfallen.

Es gibt verschiedene Antriebsarten, die nachstehend beschrieben werden (Abbildung 1). Die Basis für die unterschiedlichen Fahrzeugkonzepte bildet der Antriebsstrang.

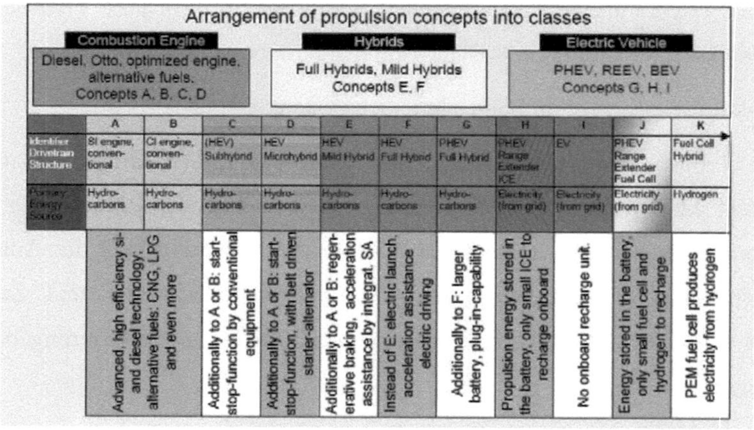

Abbildung 1: Schematische Einteilung von alternativen Antrieben mit unterschiedlicher Ausprägung des elektrischen Anteils[4]

3.3 Getriebekonzepte

Das Getriebe im Automobil mit Otto- oder Dieselmotor als Teil der Antriebsmaschine ist ein unverzichtbares Element zur Anpassung des begrenzten Drehmomentbereichs an die Fahrgeschwindigkeit. Es treten verschiedene Arten von Fahrwiderständen auf: Beschleunigungswiderstand, Steigungswiderstand,

---

[4] o.V., http://commons.wikimedia.org/wiki/File:Schema-Antriebe.jpg, Stand 02.02.2012

Rollwiderstand und Luftwiderstand. Diese Widerstände müssen durch die vom Antriebsstrang gelieferte Kraft bzw. Leistung überwunden werden.[5]

Verbrennungsmotoren arbeiten in einem bestimmten Drehzahlbereich; die alleinige Zugkraft des Motors ist nicht ausreichend, um die Fahrwiderstande zu überwinden:

- Anfahren aus dem Stand ist nicht möglich
- Überwinden bereits kleiner Steigungen oder starke Beschleunigungen würden den Motor abwürgen
- Vorwärts-/ Rückwärtsbetrieb ist nicht möglich[6]

Durch den Einsatz eines Getriebes werden die Schwächen des Verbrennungsmotors kompensiert. Jetzt ist es möglich anzufahren, große Steigungen zu überwinden und ein Fahrzeug sportlich zu beschleunigen.

Reduzierung des Kraftstoffverbrauchs, größerer Komfort und immer bessere Fahrleistungen bei möglichst gleichen Anschaffungskosten sind Auslöser für die Entwicklung neuer Antriebstechnologien.

Grundsätzlich werden drei Getriebearten unterschieden:

- manuelle Schaltgetriebe
- automatisierte Schaltgetriebe
- automatische Getriebe

---

[5] Kücükay, 2007, S. 7 ff.
[6] Braess/Seiffert, 2001, S. 227

Ein Hebel zur CO_2-Reduzierung wird in der Weiterentwicklung der automatischen Getriebe angesetzt. Diese unterscheiden sich von Handschaltgetrieben im Wesentlichen durch drei Punkte:

- das Anfahren erfolgt ohne Kupplungsbetätigung
- die Schaltung erfolgt als Lastschaltung mit Zugkraftunterbrechung im Millisekundenbereich
- die Gangwechsel werden automatisch ausgeführt

Von den unterschiedlichen Konzepten der Automatikgetriebe konzentrieren sich die Automobilbauer nun auf die Optimierung und Weiterentwicklung der Wandlerautomatik (Automatik Transmission, AT), der stufenlosen Automatikgetriebe (Continuously Variable Transmission, CVT) und der Doppelkupplungsgetriebe (Dual Clutch Transmission, DCT). In diesem Segment sehen die Entwickler großes Potenzial, in Verbindung mit elektronischer Unterstützung und Hybridisierung (Fa. ZF, HIS®) den CO_2-Ausstoß zu reduzieren.

Die Firma ZF Friedrichshafen AG ist ein weltweit führender Automobilzulieferkonzern in der Antriebs- und Fahrwerktechnik. Das hier entwickelte 8-Gang-Automatgetriebe (8 HP) senkt den Verbrauch durch optimierte Schaltvorgänge. Möglich ist das durch ein vollständig neu entwickeltes Getriebesystem: vier Radsätze und nur zwei geöffnete Schaltelemente, eine höhere Getriebespreizung, eine variable Ölpumpe, neue Drehmomentwandler, eine optimierte Hydraulik und Getriebesteuerung. Zusätzlich wird das Getriebe mit einer Start-Stopp-Funktion angeboten. Durch diese vielen Innovationen wird der Kraftstoffverbrauch deutlich gesenkt und ein hohes Maß an Fahrkomfort erreicht.[7]

---

[7] www.zf.com, 8-Gang-Automatgetriebe, Verbrauchseinsparung und Minimierung des CO_2-Ausstoßes

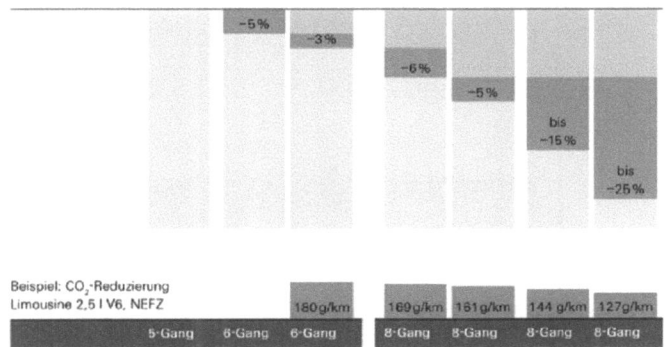

Abbildung 2: Verbrauchseinsparung durch ZF Automatikgetriebe[8]

Der Hydraulische Impulsspeicher (HIS®) ist eine Entwicklung der RAPA. Er versorgt die zum Anfahren benötigten Schaltelemente des Getriebes mit Hydrauliköl und dem erforderlichen Öldruck. Dabei wird in nur fünf Sekunden nach Motorstart der hydraulische Impulsspeicher mit 100 Milliliter Öl gefüllt und der Kolben elektromagnetisch verriegelt (Abbildung 3). Bei einem Fahrzeug mit Start-Stopp-Funktion schaltet der Motor bei Stillstand im Leerlauf automatisch ab, geht der Fahrerfuß von der Bremse, springt der Motor automatisch wieder an. Dabei löst sich die Verriegelung und das Öl schießt zurück ins Getriebe, wo es die zum Anfahren notwendigen Schaltelemente befüllt – ohne Hydraulikpumpe. Das Fahrzeug ist bereits nach 350 Millisekunden nach Start des Motors fahrfähig.[9]

---

[8] www.zf.com, Verbrauchseinsparung 8 HP
[9] www.zf.com, Produktinformation zum 8-Gang-Automatgetriebe

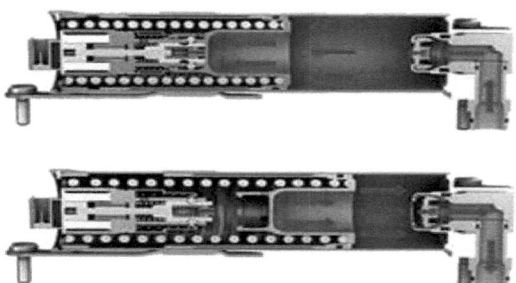

Abbildung 3: Der Hydraulische Impulsspeicher macht die spritsparende Start-Stopp-Funktion im 8-Gang-Automatgetriebe möglich [10]

3.4 Megatrends in der Automobilindustrie

In der Automobilindustrie zeichnen sich globale Megatrends mit zunehmender Bedeutung für Automobilhersteller und -zulieferer ab:

1. geopolitischer Wandel – Verschiebung des regionalen Machtgleichgewichts und Entstehung neuer sozialer und ökonomischer Modelle

2. demographischer Wandel – überalternde Gesellschaft, Verstädterung und anhaltendes Bevölkerungswachstum

3. Nachhaltigkeit – steigende Emissionen und Notwendigkeit, in geschlossenen Regelkreisen zu arbeiten und Recycling entlang der gesamten Wertschöpfungskette zu betreiben

4. Entwicklung der Mobilität – Zunahme der allgemeinen Motorisierung, Demotorisierung in den Städten und abnehmendes Interesse an Autos

5. technischer Fortschritt – Notwendigkeit, ein breites Spektrum an Technologien und verbesserte Interkonnektivität anzubieten [11]

---

[10] www.zf.com, Produktinformation zum HIS®
[11] vgl. Schlick, „Automobillandschaft 2025: Das vernetzte Auto als Innovationstreiber", März 2011

Die Intensität einzelner Trends hat regional unterschiedliche Auswirkungen auf die Automobilindustrie.

Bezogen auf das Thema CO_2-Reduktion sind folgende allgemeine fahrzeugbezogene Auswirkungen von Bedeutung:

- innovative Antriebstechnik, effiziente Nutzung von Treibstoff und Strom
- kostengünstige Fahrzeuge (Low-Cost-Cars)
- Reduzierung von Motorleistung und Gewicht
- optionale Zusatzausstattung (Gewicht)
- Einhaltung gesetzlicher Vorschriften
- rasche Einführung umweltfreundlicher Fahrzeuge

Der VW Konzern hat verschiedene Ansatzpunkte einer nachhaltigen CO_2-Strategie in vier Kompetenzfelder aufgeteilt. Auch hier sind deutlich die Themen Gewichtsreduzierung, Elektrifizierung und Optimierung des Antriebsstrangs und elektronische Steuerung verschiedener Bereiche zu erkennen.

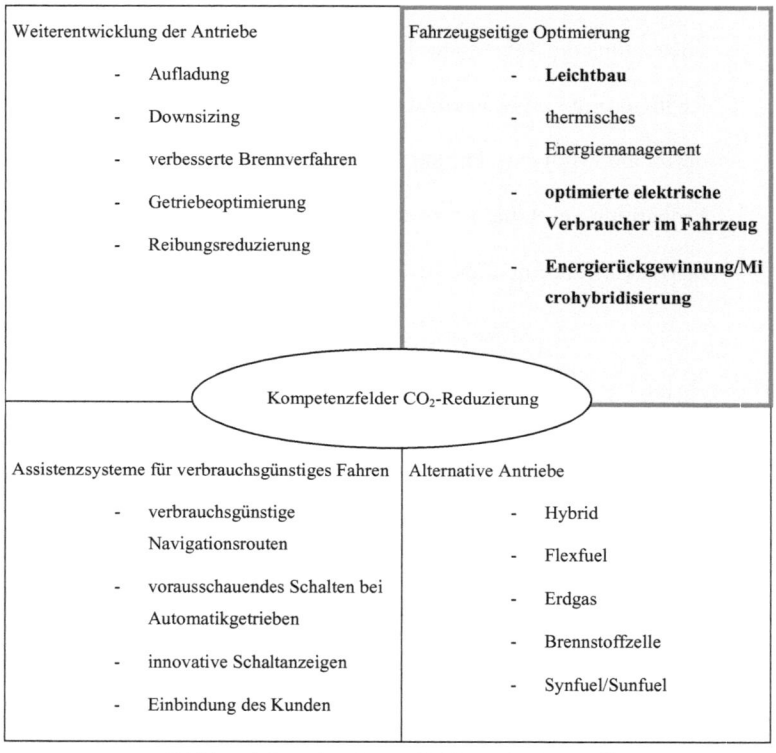

Abbildung 4: Bausteine einer nachhaltigen CO_2-Strategie[12]

Im weiteren Verlauf dieser Arbeit wird das Kompetenzfeld der fahrzeugseitigen Optimierung genauer betrachtet. Die Themen Leichtbau, optimierte elektrische Verbraucher im Fahrzeug und Energierückgewinnung/Hybridisierung werden zusammengefasst im Baustein zur CO_2-Reduzierung.

---

[12] Goede, 2007, S. 15

3.4.1 Maßnahmen zur Verbrauchsreduzierung

Um ein Fahrzeug voranzutreiben, müssen vier Arten von Fahrwiderständen durch die vom Antriebsstrang gelieferte Kraft/Leistung überwunden werden.

Die Kraft/Leistung wird von der Antriebsmaschine (Benzin- oder Dieselmotor) geliefert.

Die Fahrwiderstandskraft ist die Summe aus folgenden Kräften:

- Beschleunigungswiderstand (F_B)
- Steigungswiderstand (F_{ST})
- Rollwiderstand (F_R)
- Luftwiderstand (F_L)

$$F_{FW} = F_B + F_{ST} + F_R + F_L$$
$$= m * \ddot{x} + m * g * \sin(\alpha) + m * g * f_R(v) + \frac{1}{2} * c_w * A * \rho_{Luft} * v^2$$

Das Fahrzeuggewicht (m) beeinflusst mit Ausnahme des Luftwiderstands alle Fahrwiderstände.

Roll- und Steigungswiderstand steigen linear mit der Fahrzeugmasse, dagegen ist die Höhe des Beschleunigungswiderstands von der Art der Bewegung abhängig.

Die Luftwiderstandskraft ist unabhängig von der Masse. Fährt das Auto z. B. mit konstant hoher Geschwindigkeit, dient die vom Motor übertragene Kraft nur zur Überwindung des Luftwiderstands abhängig zur Geschwindigkeit im Quadrat.

Die Masse hat spürbar Einfluss auf den Kraftstoffverbrauch.

Gewichtsreduzierung im Automobilbau ist seit den 90er Jahren des letzten Jahrhunderts ein Thema und bleibt eine der wichtigsten Aufgaben für die Zukunft in der Weiterentwicklung des Automobils. Nicht nur zur Reduzierung des Kraftstoffverbrauchs und somit der Schadstoffemissionen ist Leichtbau von entscheidender Bedeutung, sondern auch für die kommenden Elektro- und Hybridfahrzeuge.

Anfangs wurden leichtere Werkstoffe wie Aluminium, Titan und Kompositwerkstoffe (GFK, CFK) auf Fahrzeuge der Oberklasse beschränkt; mittlerweile finden die leichteren Alternativen in zahlreichen Bauteilen und Komponenten auch in der Klein- und Mittelklasse Anwendung. Zum Beispiel werden Motorblöcke, Türen, Hauben, Ölwannen, Bremsscheiben, Fahrwerks- und Karosserieteile u. a. aus Aluminium gebaut und tragen zu einer Gewichtsreduzierung um bis zu 40 Prozent gegenüber konventionellen Werkstoffen bei.[13]

Die Entwicklung des Fahrzeuggewichts ist aufgrund steigender Anforderungen an neue Automobile und steigender Ansprüche der Kunden stetig gestiegen. Durch Forderung nach mehr Sicherheit und Komfort, höhere Fahrleistung, hochwertige Ausstattung, mehr Technik und größeren Innenraum hat sich z.B. das Fahrzeuggewicht eines VW Passat von 885 kg (erste Generation, 1973 – 1981) auf 1336 kg (fünfte Generation, 1996 – 2005) erhöht. Im neuen VW Passat (1343 kg) konnte durch konsequenten Leichtbau eine Gewichtssteigerung - trotz höheren Komforts und mehr Sicherheit - gegenüber seinem Vorgänger zum großen Teil vermieden werden.[14]

Folgende fahrzeugtechnische CO_2-Kennzahlen[15] geben einen Überblick über den Einfluss der Fahrwiderstände auf den Verbrauch (die Werte gelten für Ottomotoren). Auch hier wird deutlich, dass durch Gewichtseinsparung und durch Optimierung des Antriebs signifikante Ergebnisse zur CO_2-Reduzierung erreicht werden können.

---

[13] www.aluinfo.de, Aluminium im Automobil – Der richtige Werkstoff am richtigen Platz
[14] Goede, 2007, S. 15
[15] Goede, 2007, S. 7

Gewicht	100 kg ~ 8,5 g CO_2/km
Luftwiderstand	0,1 m² ~ 3,5 g CO_2/km
mechanischer Leistungsbedarf	1 KW ~ 15 g CO_2/km
Rollwiderstand	1 ‰ ~ 2 g CO_2/km
Stromverbrauch	1 A ~ 0,3 g CO_2/km

3.4.2 Betätigungsfelder für die RAPA

Im Zuge der Entwicklung neuer Antriebstechnologien werden im Antriebsstrang vermehrt elektronisch, hydraulisch und pneumatisch gesteuerte Systeme eingesetzt. Daraus folgt eine steigende Nachfrage für Aktuatoren, Magnetventile und Magnetventilsysteme.

In verschiedenen Bereichen wird bereits Kupfer durch Aluminium ersetzt um Gewicht zu sparen. Im Flugzeugbau werden zum großen Teil Kabel aus Aluminium verlegt. Auch die Automobilhersteller haben dieses Potenzial erkannt und verlegen bereits Kabel aus Aluminium im Bordnetz.

Der Hydraulische Impulsspeicher der RAPA macht die spritsparende Start-Stopp-Funktion im 8-Gang-Automatgetriebe von ZF möglich. Im HIS® ist für die Verriegelung ein Elektromagnet verbaut und die Spulenwicklung besteht aus isoliertem Kupferdraht.

Einen weiteren Beitrag, der zu einer CO_2-Reduzierung führt, kann die RAPA durch die Reduzierung des Gewichts leisten. Auch bei kleinen Bauteilen, in Relation zum gesamten Automobil, ist Leichtbau eine Strategie zur CO_2-Reduzierung.

3.5 Hypothese

Zielvorgaben der EU sehen vor, die CO_2-Emissionen jedes neuen in der EU zugelassenen Personenkraftwagens bis 2012 auf 130 g CO_2/km im Durchschnitt zu begrenzen. Dieser Wert wurde im Durchschnitt erreicht. Ein weiteres Ziel ist, die CO_2-Emission bis 2020 auf 95 g CO_2/km im Durchschnitt herabzusetzen.

Ein Weg dieses Ziel zu erreichen ist, das Gewicht des Automobils in der Summe zu verringern.

Für die RAPA bedeutet das - auch auf Druck der OEM - Produkte so weiterzuentwickeln, dass dadurch ein Beitrag zur Gewichtsreduzierung erzielt wird. Neben der Verwendung von leichten Kunststoffmaterialien statt Aluminium für Ventilgehäuse wird auch die Substitutionsmöglichkeit von Kupfer durch Aluminium in Elektromagneten betrachtet. Nicht nur das hohe Potenzial zur Gewichtsreduzierung spielt hier eine Rolle; auch aufgrund des anhaltenden Preisanstiegs von Kupfer wird Aluminium als elektrischer Leiter interessant (Grafik 1).

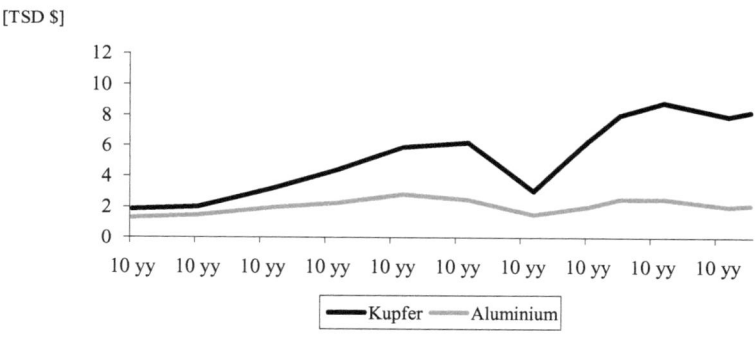

Grafik 1: Preisentwicklung von Kupfer und Aluminium[16]

Die Möglichkeit, Kupfer durch Aluminium zu ersetzen, ist durch die Eigenschaften der Materialien grundsätzlich gegeben. So werden in der Automobilindustrie bereits Kabel im Bordnetz aus Aluminium verbaut. Allein hier können bis zu 10 kg Gewicht pro Fahrzeug eingespart werden.

Doch auch in Elektromagneten wird eine große Menge Kupfer als Spulenwicklung verwendet, die theoretisch durch Aluminium ersetzt werden kann. Elektromagnete finden zunehmend Einzug in die Fahrzeugtechnik, immer mehr Funktionen werden elektronisch gesteuert. Beispiele dafür sind brake-by-wire oder steer-by-wire. Hier

---

[16] www.boerse.de, Zehn-Jahres-Chart für Kupfer und Aluminium

werden Befehle über ein Steuergerät ausschließlich elektrisch zum elektromechanischen Aktuator weitergeleitet, der den Brems- oder Lenkbefehl ausführt.

Bereits im Test sind Elektromagnete der RAPA mit Spulenwicklung aus Aluminium in der Luftfederung für den Audi A6. Aluminium ist auf der einen Seite leichter als Kupfer, sein Leitwert ist allerdings niedriger. Aus diesem Grund muss ein leitwertgleicher Leiter einen rund 60 % höheren Querschnitt aufweisen. Aber trotz des größeren Volumens lässt sich aufgrund der geringeren Dichte eine Gewichtsreduzierung um bis zu 50 % erzielen. Eine genauere Betrachtung der physikalischen Eigenschaften folgt im Vergleich Kupfer – Aluminium (siehe Tabelle 1: Vergleich der Leiterwerkstoffe Kupfer und Aluminium).

Hinsichtlich der Umweltpolitik sollen für die Werkstoffe Kupfer und Aluminium umfassende und vollständige vergleichende Öko-Bilanzen erstellt werden.

Vor allem bei der zunehmenden Hybridisierung des Antriebs bis hin zum vollelektrischen Fahrzeug ist ein Umstieg auf das kostengünstigere und spezifisch leichtere Material eine interessante Option.

4 Physikalische, chemische und technologische Eigenschaften von Kupfer und Aluminium

Kupfer ist ein hervorragender Wärme- und Stromleiter, ein relativ weiches Metall, gut formbar und zäh. Die physikalischen Eigenschaften von Kupfer und Aluminium sind in Tabelle 1 zusammengefasst. Kupfer ist von allen leitfähigen Stoffen – Supraleiter ausgenommen – nach Silber der zweitbeste Leiter. An dritter Stelle folgt Gold vor Aluminium. Trotz hervorragender technologischer Eigenschaften fallen Gold und Silber wegen des hohen Preises für den praktischen Einsatz aus. Kupfer und Aluminium sind somit die beiden technisch und wirtschaftlich verwertbaren Leiterwerkstoffe. Andere Alternativen gibt es nicht – alle anderen Metalle kommen als Stromleiter nicht in Frage und Gemische habe eine erheblich geringere Leitfähigkeit als reine Metalle.[17]

Aluminium ist ein Leichtmetall mit ca. 35 % der Dichte von Kupfer; pro Gramm Gewicht ist Aluminium ein noch besserer Leiter als Kupfer. Betrachtet man ausschließlich den Leitwert der beiden Materialien, benötigt eine Aluminiumwicklung mit leitwertgleichem Leiter etwa das 1,64fache Volumen einer entsprechenden Kupferwicklung. Kupfer leitet den elektrischen Strom je Quadratzentimeter Leitungsquerschnitt besser.

Dagegen hat aber Aluminium eine höhere Wärmeleitfähigkeit, daraus folgt eine bessere Wärmeableitung. Bei einer Spule aus lackiertem Kupferdraht wird der Wärmefluss von der Mitte der Wicklung erheblich behindert. Wegen der schlechten Wärmeleitfähigkeit der Isolation und auch der Lufteinschlüsse kann es zum Hitzestau kommen, der zur Zerstörung der Spule führen kann.[18]

Kupfer ist Reaktionsträger und in der Verarbeitung problemloser als Aluminium, bei dem durch schnelle Reaktion mit Sauerstoff eine Oxidschicht entsteht, die die

---

[17] www.kupfer-institut.de, Technische Information
[18] nach Fachgespräch Schmitz, Bereichsleiter Technischer Vertrieb, Fa. Anofol

Leitfähigkeit erheblich behindert.

Kupferstecker und Kupferkabel sind dauerhaft verbunden („gecrimpt"). Aluminium kriecht bei hoher Temperatur und verändert seine Form im Mikrometerbereich. Gecrimpte Verbindungen sind nicht zulässig, da hier die Gefahr eines Wackelkontakts besteht.

Elektrochemisch vertragen sich Aluminium und Kupfer nicht, Verbindungen von Aluminiumkabel mit Steckern aus Kupfer sind stark korrosionsgefährdet.

Aufgrund der passivierenden Oberflächenschicht von Aluminium kann es nicht gelötet werden und aus demselben Grund entstehen bei Schraub- und Klemmverbindungen Übergangswiderstände. Eine Lösung des Problems sind Verbindungselemente (Klemmen oder Hülsen) aus Cupal – Cupal ist ein Verbundwerkstoff aus Kupfer und Aluminium.[19]

Ein weiterer Nachteil von Aluminium ist das Verhalten bei der Bearbeitung. Zwar ist Aluminium duktil, aber nicht so duktil wie Kupfer. Bei mehrmaligem Biegen kann Aluminium brechen oder seinen Querschnitt so verringern, dass Wackelkontakte bzw. Störungen auftreten.

Der Tagespreis von Aluminium nach Gewicht liegt erheblich unter dem von Kupfer. So können sich die Kosten für elektrische Leiter/Leitungen aus Kupfer auf das Dreifache einer äquivalenten Leitung aus Aluminium summieren (Grafik 1).

---

[19] www.cupal.de, Produktinformation Cupal

Vor- und Nachteile von Aluminium und Kupfer zusammengefasst	
Vorteile Aluminium	**Nachteile Aluminium**
<ul><li>extrem leicht, ca. 1/3 des Gewichts von Kupfer</li><li>ausgezeichnete Festigkeit</li><li>ausgezeichneter elektrischer Leiter</li><li>sehr gute Wärmeleitfähigkeit</li><li>natürliche Oxidschicht schützt das Material vor Korrosion</li><li>unmagnetisch, ungiftig</li><li>kann spannend bearbeitet und kalt verformt werden, sehr gut schweißbar</li><li>kann zu 100 % wiederverwertet werden</li><li>ausreichende Rohstoffe vorhanden, Preis im Vergleich zu Kupfer günstig</li></ul>	<ul><li>hoher Energieaufwand in der Herstellung</li><li>großes Volumen, um gleichen Leitwert wie Kupfer zu erreichen</li><li>da Aluminium bei höheren Temperaturen kriecht, sind besondere Verbindungen/Stecker notwendig</li></ul>

Vorteile Kupfer	Nachteile Kupfer
• hohe Lebensdauer • wirtschaftlich und technisch betrachtet bester Leiter • dauerhafte Verbindungen • korrosionsbeständig • wiederverwertbar	• hohes spezifisches Gewicht • hohe Beschaffungskosten • begrenzte Vorkommen • zählt zu den zehn umweltintensivsten Stoffen[20]

Eigenschaften	Kupfer (E-Cu)	Aluminium (A-Al)
Dichte (g/cm³)	8,9	2,7
Leitfähigkeit (m/Ω mm²)		
bis 20 °C	56	35
bis 60 °C	48	30
Verhältnis Leitfähigkeit/Dichte	6,3	13
E-Modul	11.000	6.500
thermische Grenzstromdichte (A/mm²)	154	102
Schmelzstromdichte (A/mm²)	3.060	1.910
Vergleichszahlen (Kupfer = 100%)		
für querschnittsgleiche Leiter		
Gewicht	100	30
Leitwert	100	62,5
für leitwertgleiche Leiter		
Querschnitt	100	160
Gewicht	100	48,5

Tabelle 1: Vergleich der Leiterwerkstoffe Kupfer und Aluminium[21]

---

[20] Lucas (UBA), 2008, S. 10, s. a. S. 24

5 Ökologische Wirkungen der Herstellung und Verarbeitung von Aluminium und Kupfer

5.1 Methodik

Der ökologische Vergleich von Kupfer und Aluminium erfolgt auf der Grundlage von Datensätzen aus Ökobilanzen und Life Cycle Assessment (LCA), die eine kritische Prüfung nach ISO 14040 durchlaufen haben. Damit ist die Qualität des ökologischen Vergleichs sichergestellt.

Daten aus bestehenden Sachbilanzen werden komprimiert abgebildet und verglichen und soweit wie möglich Umweltwirkungen zugeordnet. Bestehende Produkte werden aufgrund ihrer Materialbilanzen primärenergetisch und in Verbindung mit Sekundärmaterial (Mix aus Primär- und Sekundär-Aluminium und –Kupfer) und hinsichtlich der Emissionen verglichen.

In die Ökobilanzen fließen Daten des Umweltbundesamtes ein: der hier erstellte kumulierte Energieaufwand (KEA) für Kupfer und Aluminium bildet die Basis für die Sachbilanzen. Der KEA ist die Summe aller Primärenergie - Inputs inkl. des Energieaufwands zur Materialherstellung. Der Verein Deutscher Ingenieure (VDI) und das Umweltbundesamt haben Anfang der 90er Jahre eine Regel zur Bestimmung des KEA entworfen, die VDI-Richtlinie 4600.[22]

Bei der Herstellung von Kupfer und Aluminium gibt es regionale Unterschiede. In diese Arbeit fließen Daten aus der Primär- und Sekundärherstellung ein. Um einen Vergleich durchzuführen, wird von den Mittelwerten in der EU25 ausgegangen. Das gleiche gilt für die Erzeugung des Stroms, der für die Elektrolyse benötigt wird. Strom wird aus Erdöl, Erdgas, Kohle und Wasserkraft gewonnen, die Menge der Emissionen ist somit auch standortabhängig. Auch hier werden Durchschnittswerte verwendet.

---

[21] Vinaricky, 2002, S. 395
[22] Kaschenz, 1999, S. 2

Der Energieverbrauch der Firma RAPA fließt in die Untersuchung nicht mit ein, da er in der Gesamtbetrachtung gering ist und bei beiden Materialien in vergleichbarer Höhe ausfällt.

Life Cycle Assessment

Die Definition der Ökobilanz nach DIN EN ISO 14040:

„Die Ökobilanz ist die Zusammenstellung und Beurteilung der Input- und Outputflüsse und der potenziellen Umweltwirkungen eines Produktsystems im Verlauf seines Lebensweges."[23]

Die in diese Arbeit integrierten Ökobilanzen von Aluminium und Kupfer basieren auf Daten vorhandener Untersuchungen und sollen zu einer einheitlichen Betrachtung der ökologischen Qualität von Kupfer und Aluminium gelangen. Es werden die Verfahren zur Herstellung bis zum Kupfer- bzw. Aluminiumdraht betrachtet und die Auswirkungen auf Mensch und Umwelt verglichen. Im Weiteren wird die Entstehung von CO_2 in der Herstellung und in der Nutzungsphase der beiden Materialien gegenübergestellt.

Folgende Produktlebenszyklen wurden in die Untersuchungen einbezogen:

- Rohstoffgewinnung
- Produktion
- Nutzungsphase
- Recycling

---

[23] Feifel, Walk, Wusthirn, Schebeck, 2009, S. 160

5.2 Ökobilanz zu Kupfer und Aluminium

In den Ökobilanzen zu Kupfer und Aluminium werden alle Daten und Faktoren über den Produktlebensweg erfasst und die Eingangsinformationen (Inputs) dem Nutzen bzw. den damit korrelierenden Emissionen (Outputs) gegenübergestellt.

5.2.1 Rohstoffsystem Kupfer

Vorkommen

Kupfer kommt auf einen Anteil von ca. 0,006 % in der Erdkruste und ist in der Reihenfolge der Häufigkeit aller Elemente an 26. Stelle. Im Jahr 2007 wurden 470 Mio. t Kupferreserven ausgewiesen. Bei einer jährlichen Minenproduktion von 15 Mio. t weltweit beträgt die Lebensdauer dieser Reserven ca. 30 Jahre. Verbesserte Erkundungs- und Gewinnungstechniken und steigende Recyclingquoten führen jedoch zu einer Stabilisierung und Steigerung der Kupferreserven.

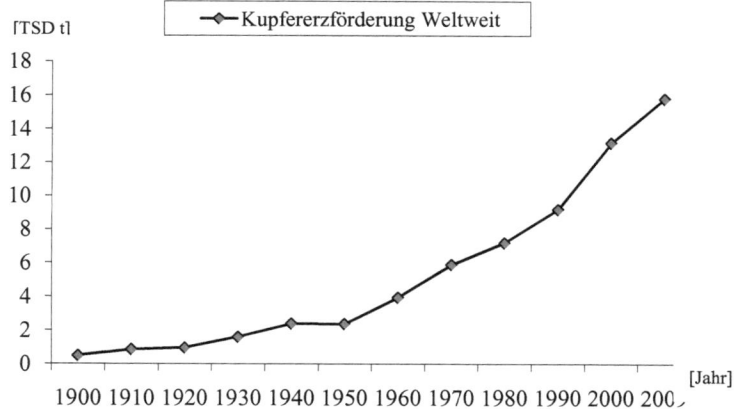

Grafik 2: Entwicklung der Kupfererzförderung

Gewinnung

Kupfer wird aus kupferhaltigen Erzen gewonnen, die Hauptabbauländer sind Chile, Peru, USA, Indonesien und China.

Der Rohstoff wird sowohl im Tagebau als auch im Untertagebau gefördert. Der durchschnittliche Kupfergehalt in sulfidischen Erzen beträgt 0,4 – 1 %. Pro Tonne Kupfer werden 145 t Erze gefördert. Aus den Folgeprozessen entstehen große Mengen an ökologisch problematischen Abgängen.[24]

Herstellung

Die Verarbeitung zu Kupferkonzentrat (ca. 25 – 35 % Kupferanteil) erfolgt meist an Ort und Stelle des Abbaus. Dabei wird nach Feinmahlung taubes Gestein durch Flotation (Schwimmverfahren) getrennt.

Das Kupferkonzentrat wird in die Verbraucherländer transportiert und dort zu Halbzeug weiter verarbeitet. Das Konzentrat wird zunächst in Flammöfen geröstet, beim Einschmelzen entsteht Rohstein (Kupferstein) mit 30 – 50 % Kupfer. Im Reduktionsverfahren entsteht Rohkupfer mit einem Kupferanteil von 97 – 99 %. Restliche Verunreinigungen werden durch Raffination entfernt.

Ca. 40 % des Kupferverbrauchs in Deutschland werden für Draht (Elektrokabel) verwendet. Weitere 35 % entfallen auf Legierungen, mit Zink zu Messing und mit Zinn zu Bronze. Die restlichen 25 % verteilen sich auf Bleche ca. 12 %, Rohre ca. 8 % und Stangen und Profile ca. 5 %.

Energieverbrauch

Der Gesamtenergieaufwand KEA für Primärkupfer beträgt ca. 113 MJ/kg. Auf den Erzabbau und Aufbereitung entfallen ca. 72 MJ. Für das Umformen zu Blechen, Rohren und Draht müssen ca. 15 MJ berechnet werden.

---

[24] Lucas (UBA), 2008, S. 10

Bei der Sekundärproduktion entfällt der Energieaufwand für den Abbau und Aufbereitung, es müssen aber ca. 15 MJ/kg für das Sammeln und Sortieren berücksichtigt werden.

In Deutschland verwendetes Kupfer besteht aus einem Mix aus Primär- und Sekundärmaterial. Die Kupferproduktion in den EU25 Staaten geht von einem durchschnittlichen Primäranteil von 60 % und einem Sekundäranteil von 40 % aus. Somit ergibt sich ein Energiebedarf von ca. 43 MJ/kg.[25]

Recycling

Die Recyclingquote für Kupfer liegt weltweit bei nur ca. 13 %, die Rezyklierbarkeit von Kupfer ist aber sehr gut. In Deutschland beispielsweise ist das Recycling gut organisiert, gefördert auch durch relativ hohe Preise für Kupferschrott. So stammen 56 % des verbrauchten Kupfers in Deutschland aus Kupferschrott.

Sekundärkupfer ist ein hochwertiges Metall, dessen Qualität nach Aufbereitung durch elektrolytische Raffination auch bei mehrmaliger Wiederverwertung erhalten bleibt. Wirtschaftlich und ökologisch betrachtet ist Kupferrecycling sinnvoll.

Umweltbelastungen

Zum größten Teil entstehen Umweltbelastungen in den Abbauländern. Der hohe Materialeinsatz hat große Mengen Abraum und Abfälle zur Folge. Beim Kupferabbau und Verarbeitung fallen pro Tonne Kupfer ca. 100 – 350 t Abraum sowie 50 – 250 t Abgang an. Des Weiteren werden 30 – 100 GJ Energie und 200 – 900 m³ Wasser verbraucht und es entstehen 300 kg SO_2-Emissionen. Ein Index zu Umweltbelastungen zeigt, dass Kupfer zu den zehn umweltintensivsten Stoffen zählt.[26]

---

[25] www.netzwerk-lebenszyklusdaten.de, LCI-Datenbank
[26] Lucas (UBA), 2008, S. 11

Preisentwicklung

Der Kupferpreis stieg in den letzten zehn Jahren von ca. 1.500 US-$/t auf ein Hoch von fast 10.500 US-$/t. Ausschlaggebend hierfür waren die gesteigerte Nachfrage, die stagnierende Produktion und eine Verknappung der Bestände an der London Metal Exchange (LME). Der Kupferpreis fiel im Laufe der Finanzkrise auf ca. 3.000 US-$/t. Der aktuelle Preis für eine Tonne Kupfer beträgt 8.285,50 US-$, das entspricht 6.273,57 €/t. (Stand 25.04.2012, www.finanzen.de)

5.2.2 Rohstoffsystem Aluminium

Vorkommen

Aluminium ist nach Sauerstoff und Silizium das dritthäufigste Element auf der Erde. Mit ca. 8 % ist es das zweithäufigste Metall der Erdkruste. Im Gegensatz zu Gold und Silber kommt es aber nicht in reiner Form vor. Es existiert nur in engen chemischen Verbindungen, z.B. in Smaragd, Turmalin, in der Jade und in Bauxit. Bauxit wird als Rohstoff für die Aluminiumherstellung verwendet; der Anteil an Tonerde (Al_2O_3) beträgt ca. 52 – 65 %.

In Europa ist der Anteil am weltweiten Bauxitabbau gering, in Deutschland wird kein Bauxit abgebaut. Die Hauptabbauländer sind Australien, China, Brasilien und Indien.

Die Entwicklung der Weltförderung von Bauxit im Zeitraum von 1900 bis heute zeigt, welchen Stellenwert das Material eingenommen hat. Im Jahr 1900 waren es 88.000 Tonnen Bauxit, die abgebaut wurden, im Jahr 2008 wurde das ca. 2.400 fache, also 211.000.000 Tonnen Bauxit abgebaut.

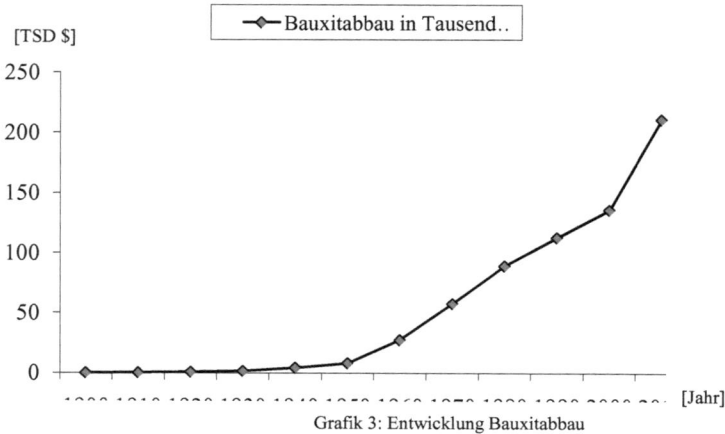
Grafik 3: Entwicklung Bauxitabbau

Die Bauxit-Abbaugebiete sind in Tabelle 7 zusammengestellt, daraus zu entnehmen sind die Fördermengen, Reserven und die Vorratsbasis.

Gewinnung

Bauxit wird, bis auf wenige Ausnahmen europäischer Vorkommen, im Tagebau gewonnen; das Verhältnis vom Rohstoff zum Endprodukt beträgt 4:1.

Herstellung

Die Produktion von Aluminium ist dementsprechend in den letzten Jahren ebenso gestiegen. Das bedeutendste Herstellerland von Aluminium war im Jahr 2009 mit Abstand die Volksrepublik China.

Aluminium entsteht in einem zweistufigen Prozess. Zunächst wird im Bayer-Verfahren Tonerde aus Bauxit gewonnen, dann im Hall-Héroult-Prozess Tonerde zu Aluminium reduziert.

Bayer-Verfahren

Bauxit ist der Rohstoff, aus dem Aluminiumhydroxid gewonnen wird, aus dem Aluminium hergestellt wird. Dazu wird das Bauxit zunächst im Bayer-Verfahren gemahlen, mit Natronlauge gemischt und bei 180 °C erhitzt. Natriumaluminat wird von Rotschlamm getrennt, anschließend abgekühlt und mit festem Aluminiumhydroxid als Kristallisationskeim geimpft. Dann findet eine Massenkristallisation statt und Aluminiumhydroxid fällt aus.

In Drehöfen wird das feste Aluminiumhydroxid bei einer Temperatur von 1200 – 1300 °C gebrannt, es entsteht Aluminiumoxid. (Abbildung 5)

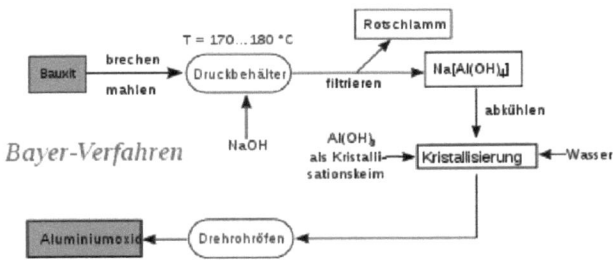

Abbildung 5: Schema Bayer-Verfahren

Hall-Héroult-Prozess

Beim Hall-Héroult-Prozess wird das im ersten Schritt entstandene Aluminiumoxid weiterverarbeitet. Dazu wird es mit Kryolith gemischt; dadurch wird in dem Gemisch der Schmelzpunkt von ca. 2.000 °C auf ca. 900 °C herabgesetzt. Anschließend wird das Gemisch in die Elektrolysezelle (Stahlwanne mit Kohlenstoffmaterial ausgekleidet) gefüllt, wo in der Schmelzflusselektrolyse die Reduktion von Aluminiumoxid erfolgt (Abbildung 6).

Das entstandene, flüssige Reinaluminium (ca. 99,7 %) sammelt sich am Boden und kann abgesaugt werden. Reinstaluminium mit Reinheitsgraden von 99,995 – 99,999 wird mit Hilfe der Dreischichten-Schmelzelektrolyse hergestellt.

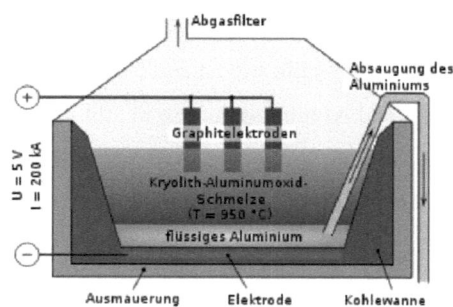

Abbildung 6: Hall-Héroult-Prozess

Energieverbrauch

Der KEA für Primäraluminium beträgt ca. 210 MJ/kg. Dieser hohe Energieeinsatz ist vor allem auf den Strombedarf der Schmelzflusselektrolyse zurückzuführen; dieser liegt bei 70 – 80 %. Für die Aufbereitung von Sekundäraluminium sind nur ca. zehn Prozent der Primärenergie erforderlich.

Der in Deutschland verwendete Aluminium-Mix besteht aus ca. 60 % Sekundär- und 40 % Primäraluminium. Für diesen Mix wurde vom bifa Umweltinstitut ein Energieaufwand von ca. 62 MJ/kg berechnet.

Mit einer weiteren Erhöhung des Sekundäranteils wäre eine Entlastung um weitere 16 MJ/kg möglich.[27]

Weltweit wird zur Produktion von Aluminium Elektrizität aus Wasserkraft am häufigsten genutzt (ca. 61 %), wobei zum Teil eigens zur Aluminiumproduktion riesige Stauseen angelegt werden.

---

[27] bifa-Umweltinstitut, 2008, S.39

Recycling

Aluminium ist gut stofflich rezyklierbar, der Aluminiumkreislauf in Deutschland ist gut organisiert. Aus dem Altmetall entsteht durch einfaches Einschmelzen Sekundäraluminium.

Sekundäraluminium weist jedoch häufig derart hohe Fremdstoffanteile auf, dass es selbst die vergleichsweise geringen Grenzwerte von Gussaluminium nicht erreicht. Die unerwünschten Fremdstoffe lassen sich kaum entfernen und reichern sich mit jedem Kreislauf an. Um die notwendigen Werte zu erreichen, muss Primäraluminium zugemischt werden. Für besonders hohe Reinheiten, z. B. für Kabel, muss konsequent vorsortiert werden und sortenreiner Aluminiumschrott aus geschlossenen Wertstoffkreisläufen eingesetzt werden.

Umweltbelastungen

Bei der Gewinnung von Bauxit entstehen große landschaftliche Schäden durch den Tagebau, den anfallenden Rotschlamm und die für die Aluminiumherstellung gebauten Stauseen.

Der verbleibende Rotschlamm ist stark alkalisch und muss in abgedichteten Deponien eingelagert und aufbereitet werden. Gereinigter Rotschlamm wird heute auch als Füllstoff im Straßenbau verwendet. Die Abbaugebiete werden mittlerweile auch in Entwicklungsländern rekultiviert.

Daneben werden bei der Aluminiumherstellung große Mengen Kohlendioxid (CO_2) emittiert, denn Sauerstoff, der bei der Elektrolyse an der Anode gebildet wird, oxidiert die Anodenkohle zu CO und CO_2. Letzteres trägt als Treibhausgas zur weltweiten Klimaerwärmung bei.

Preisentwicklung

Der Aluminiumpreis stieg in den letzten zehn Jahren von 1.400 US-$/t (2003) auf aktuell 2.170 US-$/t. Nach einem Höchststand von über 3.330 US-$/t im Juli 2008 fiel der Preis im Zuge der Finanzkrise auf 1.305 US-$/t (2009). Der aktuelle Preis für eine Tonne Aluminium beträgt 2.070,85 US-$, das entspricht 1.567,99 €/t. (Stand 25.04.2012, www.finanzen.de)

Durch industrielle Umschichtung wird sich der Aluminiumpreis weiter verteuern.[28] Das verarbeitende Gewerbe ersetzt Stahl und Kupfer immer mehr durch Aluminium, dadurch steigt die Nachfrage stetig.

Die Preisentwicklung von Aluminium ist aufgrund des hohen Energieaufwands bei der Herstellung auch zukünftig maßgeblich von den Energiepreisen abhängig.

5.2.3 Fazit

Sowohl die Herstellung von Kupfer als auch die Herstellung von Aluminium sind mit großen Umweltbelastungen verbunden. Der Energieeinsatz für Aluminium ist fast doppelt so intensiv wie für Kupfer. Dieser Unterschied ist auf die unterschiedlichen Herstellungsmethoden zurückzuführen:

Kupfer	Primäraluminium	Sekundäraluminium
Erz	Bauxit	Schrott
Aufbereitung	Trocknung/Zerkleinerung Bayer-Verfahren	Aufbereitung • trocknen • schreddern • Pyrolyse
Reduktion	Zweischichtenelektrolyse	Schmelzofen
Raffination	Dreischichtenelektrolyse	schmelzmetallurgische Raffination SNIF[29]
Reinstkupfer	Reinstaluminium	Reinstaluminium

Tabelle 2: Herstellungsmethoden für Kupfer, Primär- und Sekundäraluminium

---

[28] www.aktie-2010.de, Aluminiumpreis profitiert von Kupferersatzfunktion
[29] SNIF – SNIF Box: entgasende Schmelzbehandlungsbox

Bei der Primäraluminium-Herstellung ist die Schmelzflusselektrolyse der Energietreiber. Hier werden enorme Mengen Energie verbraucht, die sich in der Gesamtenergie-Bilanz negativ auswirken.

Die Rezyklierbarkeit beider Materialien ist sehr gut und durchaus vergleichbar. Positiv sind das Recyclingsystem in Deutschland und die gesetzlichen Vorgaben, welche die Quoten von Sekundärkupfer und Sekundäraluminium auf hohem Niveau halten.

Die Kupfer- sowie auch die Aluminiumpreise sind aufgrund der steigenden Nachfrage stetig gestiegen. Dennoch ist Aluminium erheblich günstiger als Kupfer, was den Einsatz von Aluminium aus wirtschaftlicher Sicht attraktiv macht.

Ein weiterer wichtiger Punkt für Aluminium ist sein extrem geringes Gewicht im Vergleich zu Kupfer. Dadurch wird durch Leichtbau Masse von beweglichen Teilen und Fahrzeugen gespart, was wiederum zur Energieeinsparung in der Nutzungsphase führt.

In der folgenden Gegenüberstellung der Umweltbelastungen von Kupfer und Aluminium sind unter anderem der KEA und das Treibhauspotenzial (CO_2-Äquivalent) aufgeführt. Daraus ersichtlich sind Belastungen für die Umwelt, die durch die Herstellung der beiden Materialien entstehen.

Ob es durch die Substitution von Kupfer durch Aluminium im Automobil zu einer Entlastung von CO_2-Emissionen kommt und den höheren Energiebedarf und somit die größere Menge an Treibhausgasen in der Herstellung rechtfertigt, zeigt sich in der folgenden Untersuchung.

5.3 Untersuchungsrahmen

Ökologischer Vergleich von Kupfer und Aluminium als leitwertgleicher Leiter. Soll das Aluminiumkabel den gleichen Leitwert und somit die gleichen Verluste haben wie Kupferdraht, so muss der Querschnitt 60 % größer sein. Wegen der besseren Kühlverhältnisse dürfen die Verluste bei gleicher Erwärmung jedoch um 25 % größer bzw. der Leiterquerschnitt bis 25 % kleiner sein. Daraus ergibt sich ein theoretischer Querschnittsfaktor statt 1,6 von 0,75 x 1,6 = 1,2. Hierbei handelt es sich um theoretisch erreichbare Werte, Berechnungen werden mit einem Faktor 1,4 durchgeführt.[30]

5.4 Gegenüberstellung der Umweltbelastungen

Die Ergebnisse wurden aus den Angaben in Untersuchungen des bifa Umweltinstituts im Auftrag des Bayerischen Staatsministeriums für Umwelt und Gesundheit zu Primär- und Sekundärmix für Kupfer- bzw. Aluminiumdraht berechnet.

Die Auswahl der Wirkungskategorien, Zuordnung der Sachbilanzparameter zu den Wirkungskategorien und Einheit der Wirkungsindikatorergebnisse sind in (Tabelle 3) zu finden.

Wirkungskategorie	Sachbilanzparameter	Indikatorergebnisse
Aggregierte Werte		
Ressourcenbeanspruchung (Kumulierter Energieaufwand)	KEA fossil	MJ
Treibhauseffekt	CO_2, CH_4, N_2O	kg CO_2-Äquivalente
Versauerung	NO_x als NO_2, SO_2, NH_3	kg SO_2-Äquivalente
Nicht aggregierte Werte		
Toxische Schädigung des Menschen und von Organismen	Cd, SO_2	Angabe jeweils in kg
Toxische Schädigung von Organismen und Ökosystemen	NH_3, NO_x als NO_2	Angabe jeweils in kg

Tabelle 3: Auswahl der Wirkungskategorien, Zuordnung der Sachbilanzparameter zu den Wirkungskategorien

---

[30] www.anofol.de, ANO-FOL im Detail

Parameter	Kupfer-Mix / kg Inkl. Verarbeitung zu Draht	Aluminium-Mix / kg Inkl. Verarbeitung zu Draht	Beitrag zur Umweltentlastung durch Substitution
Aggregierte Werte			
KEA fossil	42,281 MJ	62,860 MJ	Belastung um 20,579 MJ
Treibhauspotenzial [CO_2-Äqu.]	4,216 kg	6,108 kg	Belastung um 1,892 kg
Versauerungspotenzial [SO_2-Äqu.]	34,082 kg	15,169 kg	Entlastung um 18,931 kg
Nicht aggregierte Werte			
Cadmium	4,623 g	0,036 g	Entlastung um 4,587 g
Schwefeldioxid	27,245 kg	9,335 kg	Entlastung um 17,910 kg
Ammoniak	0,410 kg	0,016 kg	Entlastung um 0,394 kg
Stickoxide	8,487 kg	7,585 kg	Entlastung um 0,902 kg

Tabelle 4: Gegenüberstellung der Umweltbelastungen durch die Herstellung von Kupfer und Aluminium

Bis auf den fossilen Energiebedarf sowie den Treibhauseffekt ist in allen anderen Wirkungskategorien eine Entlastung der Umwelt zu verzeichnen. Dabei ist zu beachten, dass das Umwelt-Belastungspotenzial der ersten beiden Parameter deutlich geringer ist als das Umwelt-Entlastungspotenzial der anderen Parameter.[31]

Die schlechteren Ergebnisse für den KEA sowie des Treibhauseffekts gegenüber Kupfer sind auf den hohen Energiebedarf für die Primäraluminiumherstellung zurückzuführen. Der Primäraluminiumanteil betrug bei diesem Vergleich 40 Prozent.

Aufgrund der Verwendung von Gemischen aus Primär- und Sekundärmaterial für Kupfer und Aluminium sind die Unterschiede der Umweltbelastungen nicht so gravierend wie bei einem Vergleich von Primärkupfer und Primäraluminium. Hier stünden KEA von 113 MJ/kg für Kupfer 210 MJ/kg für Aluminium gegenüber.

---

[31] bifa-Umweltinstitut, 2008, S.43

In Punkt 5.4.2 werden verschiedene Szenarien berechnet, welche Auswirkungen die Substitution von Kupfer durch Aluminium auf die CO_2-Emission in der Nutzungsphase im Automobil hat.

5.4.1 Substitutin von Kupferdraht durch Aluminiumdraht im Automobil

Bei der Untersuchung geht es um die Frage, ob es ökologisch sinnvoll ist, im Bordnetz für Kraftfahrzeuge Kupferkabel durch Aluminiumkabel - auch als Spulenwicklung in Elektromagneten - zu ersetzen.

Einerseits wird bei der Herstellung von Aluminium sehr viel Energie benötigt und es wird eine Menge CO_2 emittiert, auf der anderen Seite ist die Kupferherstellung auch mit hohem Energieaufwand und einem hohen Maß an Umweltverschmutzung verbunden. Hier wird jedoch die Möglichkeit einer CO_2-Reduzierung durch die Substitution von Kupfer durch Aluminium in der Nutzungsphase der Menge CO_2 in der Herstellungsphase gegenübergestellt. Durch die Verwendung von leichterem Aluminium statt Kupfer im Bordnetz wird das Gesamtgewicht eines Fahrzeugs reduziert. Daraus folgt ein reduzierter Treibstoffverbrauch, und in der Nutzungsphase wird weniger CO_2 emittiert.

Welcher Effekt überwiegt und ob die günstigeren Betriebsdaten den Mehraufwand bei der Herstellung kompensieren, wird im Folgenden dargelegt und berechnet.

5.4.2 Auswirkungen auf die CO_2-Emissionen in der Nutzungsphase

Folgende Daten werden zur Berechnung benötigt:

	Aluminium	Kupfer
Dichte	2,7 g/m³	8,9 g/cm³
KEA Primär	196,3 MJ/kg	113 MJ/kg
KEA Primär- Sekundär-Mix	62,86 MJ/kg	42,28 MJ/kg
CO_2-Emissionen bei der Herstellung primär	16,1 kg CO_2/kg	7,4 kg CO_2/kg
CO_2-Emissionen bei der Herstellung sekundär	6,1 kg CO_2/kg	4,2 kg CO_2/kg

Tabelle 5: Daten zur Berechnung der CO_2-Emissionen in der Nutzungsphase

Bei der Substitution von Kupfer durch Aluminium ist eine Gewichtseinsparung bis 50 % möglich. Die Menge des eingesparten Materials wird für die Berechnung auf 40 % festgelegt. Dementsprechend wird die Energieeinsparung im Betrieb mit 1 kg Kupfer und 0,6 kg Aluminium durchgeführt.

Mehraufwand an Energie bei der Herstellung:

Δ E = Energieaufwand Aluminium – Energieaufwand Kupfer

= Differenz von (Masse x KEA/kg)

für Primäraluminium und Primärkupfer

= 0,60 kg x 196,3 MJ/kg – 1,00 kg x 113 MJ/kg

= **4,78 MJ/kg**

für Primär- und Sekundär – Mix für Aluminium und Kupfer

= 0,60 kg x 62,86 MJ/kg – 1,00 kg x 42,28 MJ/kg

= **- 4,6 MJ/kg**

Anhand des Ergebnisses unter Verwendung von Sekundärmaterial zeichnet sich schon ein ökologischer Vorteil von Aluminium gegenüber Kupfer ab.

Die Angaben zum Minderverbrauch durch Leichtbau unterliegen in verschiedenen Untersuchungen aufgrund der unterschiedlichen Interessenslage der Auftraggeber enormen Streuungen. Die Werte reichen von 0,15 – 1,0 l/(100 kg *100 km) und führen daher bei der Berechnung zu unterschiedlichen Bilanzergebnissen. Aufgrund der Berechnungen in der Dissertation von Reinhard Eberle in „Methodik zur ganzheitlichen Bilanzierung im Automobilbau" wird für weitere Berechnungen eine Kraftstoffeinsparung von 0,409 l/(100 kg * 100 km) festgelegt. Das entspricht einer Kraftstoffeinsparung von 0,0017 l/(0,4 kg * 100 km) bei einer Gewichtsreduzierung von 400 g.

Der Energieinhalt für Benzin wird mit ca. 9 kWh/l bzw. 32,4 MJ/l angegeben, für Dieselkraftstoff mit ca. 10 kWh/l, das entspricht ca. 36 MJ/l.[32] Der Verbrauch wird auf 8 l/100 km für Benzin und auf 7 l/100 km Diesel angesetzt.

Mit den Teilergebnissen kann berechnet werden, ab welcher gefahrenen Strecke x die Energieeinsparung im Betrieb den Mehraufwand bei der Herstellung von Primäraluminium überwiegt.

E = gesparte Liter Benzin * Energieinhalt/Liter

= x * 0,0017 l/100 km * 32,4 MJ/l

= x * 0,551 kJ/km

E = gesparte Liter Diesel * Energieinhalt/Liter

= x * 0,0017 l/100 km * 36 MJ/l

= x * 0,612 kJ/km

---

[32] www.energieinfo.de, Wissenslexikon – Energiegehalt Diesel und Benzin

Es werden pro Kilometer 0,551 kJ bzw. 0,612 kJ Energie eingespart. Insgesamt soll die eingesparte Menge Energie größer als 4,78 MJ sein.

Daraus ergibt sich für Benzin:

x * 0,551 kJ/km > 4.780 kJ

x > 8.676 km

für Diesel:

x * 0,612 kJ/km > 4.780 kJ

x > 7.811 km

Bei der Verbrennung von Benzin und Diesel entsteht CO und CO_2, dabei bestimmt der Kohlenstoffanteil im Kraftstoff die Menge. Bei Benzin entstehen ca. 2,37 kg CO_2/l und bei der Verbrennung von Diesel ca. 2,65 kg CO_2/l Kraftstoff.[33]

Als Grundlage zur Berechnung der CO_2-Emissionen während der Nutzungsphase dienen die Daten aus Tabelle 5. Daraus ist ersichtlich, dass bei der Herstellung von Aluminium nicht nur mehr Energie verbraucht wird, sondern auch mehr CO_2 (Δm_{CO2}) entsteht.

Zusätzliche Emission bei der Herstellung von Primäraluminium und -kupfer (S1):

Δm_{CO2} = CO_2-Emissionen Aluminium – CO_2 Emissionen Kupfer

= Differenz von (Masse * CO_2-Emission/kg)

= 0,6 kg * 16,1 – 1,0 kg * 7,4

= **2,26 kg**

Zusätzliche Emission bei der Herstellung für Primär- und Sekundär – Mix für Aluminium und Kupfer (S2):

---

[33] www.dekra-online.de, CO2-Emissionen für Diesel und Benzin

Δm_{CO2} = 0,6 kg * 6,1 – 1,0 kg * 4,2

= **- 0,54 kg**

Hier wird deutlich, dass allein durch die eingesparte Menge von Aluminium die mehr entstandenen CO_2-Emissionen bei der Herstellung ausgeglichen sind. Zu erkennen ist, dass auch bei geringen Mengen eine Substitution von Kupfer durch Aluminium sinnvoll ist.

Im nächsten Schritt wird die CO_2-Reduzierung berechnet, die durch eine Fahrleistung von 100.000 km, 200.000 km und von 700.000 km (Taxi/Bus) mit einer Gewichtsreduzierung von nur 400 g erreicht werden kann.

Laufleistung	CO_2-Emissionen bei Benzinmotoren		CO_2-Entlastung	
	Verbrauch 8 l/100 km	Minderverbrauch von 0,0017 l/100 km	S1 - 2,26 kg	S2 + 0,54 kg
100.000 km	18960,00 kg	18955,26 kg	**2,48 kg**	**5,28 kg**
200.000 km	37920,00 kg	37910,52 kg	**7,22 kg**	**10,02 kg**
700.000 km	132720,00 kg	132686,82 kg	**30,92 kg**	**33,72 kg**
Laufleistung	CO_2-Emissionen bei Dieselmotoren		CO_2-Entlastung	
	Verbrauch 7 l/100 km	Minderverbrauch von 0,0017 l/100 km	S1 - 2,26 kg	S2 + 0,54 kg
100.000 km	18550,00 kg	18544,70 kg	**3,04 kg**	**5,84 kg**
200.000 km	37100,00 kg	37089,40 kg	**8,34 kg**	**11,14 kg**
700.000 km	129850,00 kg	129812,90 kg	**34,84 kg**	**37,64 kg**

Tabelle 6: Berechnungen CO_2-Reduzierung bei verschiedenen Laufleistungen

5.5 Einsatz Aluminium in der Automobilindustrie heute

Aluminium wird mittlerweile im Automobilbau vielfach verwendet. Dank seiner hervorragenden Eigenschaften ist es für den Leichtbau und der damit umgesetzten Gewichtsreduzierung nicht mehr wegzudenken. Aluminium wird immer häufiger anstelle von Stahl im Karosseriebau und Grauguss im Motoren- und Getriebebau verwendet. Dadurch wird eine erhebliche Reduzierung des Gewichts erreicht. Bei der Substitution von Stahl beispielsweise durch Aluminium können 100 kg Aluminium 200 kg Stahl ersetzen. Eine Gewichtsreduzierung von 100 kg führt zu einer Kraftstoffreduzierung von ca. 0,409 l/100 km.

Auch im Bordnetz werden teilweise Aluminiumkabel eingesetzt. Bei der Umstellung auf Aluminium statt Kupfer im gesamten Bordnetz könnten ca. 10 kg gespart werden. Toyota setzt bspw. Kabel aus Aluminium in den Türen des neuen Verso-S ein und BMW verbindet die Batterie mit dem Anlasser durch ein Aluminiumband im Fahrzeug-Unterboden.[34]

Dennoch gibt es auch Probleme beim Einsatz von Aluminium. Durch den größeren Querschnitt der Kabel ist die Verlegung in engen Radien schwer möglich, dauerhafte Steckverbindungen sind aufwändig und der notwendige Bauraum ist aufgrund des größeren Volumens von Aluminium nicht vorhanden.

Dennoch zeichnen sich auch Möglichkeiten für die RAPA GmbH ab, Aluminium statt Kupfer einzusetzen.

---

[34] vgl. Dilba, Trends in der Automobilbranche, 2011

6   Aluminium statt Kupfer in der RAPA

Aus der vorangegangenen Untersuchung ist zu erkennen, dass eine Substitution von Kupfer durch Aluminium sowohl aus ökologischer als auch aus ökonomischer Sicht durchaus sinnvoll ist und Vorteile mit sich bringt.

Durch die physikalischen, chemischen und technologischen Eigenschaften des Aluminiums ist grundsätzlich die Möglichkeit gegeben, Kupfer zu ersetzen. Probleme, die bei der Verarbeitung oder auch durch die elektrochemischen Eigenschaften von Aluminium entstehen, werden mittlerweile technisch gelöst, z. B. durch den Werkstoff Cupal.

Erste Elektromagnete mit Aluminiumspulen werden in der RAPA bereits in der Entwicklungsphase getestet - es werden Spulen mit Aluminiumdraht gewickelt. Durch die Verwendung von Aluminiumdraht wird ein größerer Querschnitt benötigt und somit nimmt das Volumen der Spule zu. Dabei gibt es meist zwei Probleme:

- Der Gewichtsvorteil, der durch die Substitution von Kupfer durch Aluminium erzielt wird, wird durch die Notwendigkeit eines größeren Gehäuses vernichtet.
- Die größeren Spulen können bei vorgegebenem Bauraum nicht eingesetzt werden.

Getestet werden Aluminiumdrahtspulen im aktiv geregelten Fahrwerksystem beim Audi A6. Durch die große Menge Kupfer, die durch den leichteren Werkstoff ersetzt wird, ist das Gewicht trotz des größeren Volumens und des größeren Gehäuses insgesamt geringer. Einschränkungen im Bauraum sind hier nicht vorgegeben.

Eine vergleichbare Anwendung, die Spulen mit Aluminiumdraht zu wickeln, ist bei den Elektromagneten für den HIS® nicht möglich. Hier sind klare Grenzen in den Maßen vorgegeben. Mit einer herkömmlichen Aluminiumdrahtwicklung, die um den Faktor 1,4 größer sein muss als die Wicklung aus Kupferdraht, ist es nicht möglich, den zur Verfügung stehenden Bauraum im 8-Gang-Automatgetriebe von ZF einzuhalten.

Im Zuge dieser Arbeit wurde eine Firma identifiziert, die sich auf den Bau von Elektromagneten mit Aluminiumwicklung spezialisiert hat und die Spulen nicht mit herkömmlichem Draht, sondern mit eloxierten Aluminiumbändern wickelt. Dadurch könnten sich neue Handlungsalternativen für die RAPA ableiten.

6.1 Möglichkeiten mit ANO-FOL

„Die Eigenschaften sowohl des Aluminiums als auch des Oxides ermöglichen die Produktion von Spulen, die gegenüber Kupferdrahtspulen eine Reihe von beachtenswerten Vorteilen aufweisen."[35]

Einsatz bei hohen Temperaturen:

Kupferdrähte werden meist lackisoliert, diese sind in abgestuften Temperaturbeständigkeitsklassen definiert.[36] Für Temperaturen von über 180 °C sind die Drähte aufgrund der Verzunderung und dem damit verbundenen Zerfall des Leiters speziell zu behandeln (Vernickeln oder Versilbern) und zu isolieren. Dadurch erhöht sich das Isolationsvolumen.

Eloxierte Aluminiumbandspulen können bei 500 °C Dauertemperatur eingesetzt werden, da die Oxidschicht bei 2000 °C und Aluminium bei 658 °C schmilzt.

Bessere Wärmeableitung:

Durch die Lackisolierung, die mangelhafte Wärmeleitfähigkeit und auch die Lufteinschlüsse bei Kupferdrahtspulen wird der Wärmefluss erheblich behindert. Aluminium ist sehr gut wärmeleitend und führt die entstandene Wärme in der Mitte der Wicklung schnell nach außen.

---

[35] www.anofol.de; Technische Vorteile von Bandspulen aus ANO-FOL
[36] Döhla, 2000, S. 16

Lagenisolation:

Eloxiertes Aluminiumband kann direkt gewickelt werden, die Lagen der einzelnen Windungen können fest übereinander liegen. Dabei entstehen kaum Lufträume und es wird ein Füllfaktor = k im Bereich von 0,85 – 0,995 erreicht. Bei Kupferdrahtspulen mit orthozyklischer Wicklung kann ab einem Drahtdurchmesser oberhalb 0,2 mm ein theoretisch maximaler Wert von 0,91 erreicht werden. Typische Werte für k liegen aber bei 0,25 – 0,65. Durch die Verwendung von eloxiertem Aluminiumband besteht die Möglichkeit, Spulen mit vergleichbarem Volumen zu wickeln.[37] Berechnungen zeigen, dass eine Spule aus eloxiertem Aluminiumband mit einem Füllfaktor von 0,85 einer Spule aus lackisoliertem Kupferdraht mit k = 0,52 entspricht.[38] Genaue Berechnungen und Tests für Magnetspulen der Firma RAPA werden über diese Arbeit hinaus in der Entwicklung durchgeführt.

6.2 Gewichteinsparung durch Substitution im HIS®

Betrachtet wird die Verwendung von Aluminium statt Kupfer im HIS® als Beispiel. Die Menge Kupfer, die als Spulenwicklung verwendet wird, ist im Vergleich zu anderen Systemen aus dem Produktportfolio der RAPA gering, soll aber die Möglichkeit zur Redzierung der CO_2-Emissionen verdeutlichen.

Die Möglichkeit einer Substitution von Kupfer durch Aluminium für den HIS® basiert in erster Betrachtung auf Grundlage von Werten und Erfahrungen der Fa. ANO-FOL. Bei einer leitwertgleichen Spule aus Aluminiumband ist das Gewicht bei gleicher Anzahl der Lagen und gleichem Widerstand nur halb so groß wie das einer Kupferdrahtspule und es wird von der theoretischen Machbarkeit ausgegangen, die Bauraumbegrenzungen einhalten zu können. Auch hier stehen noch keine genauen Berechnungen zur Verfügung, diese werden für den Haftmagneten im HIS® auch über diese Arbeit hinaus durchgeführt.

---

[37] nach Fachgespräch Schmitz, Bereichsleiter Technischer Vertrieb, Fa. Anofol
[38] www.anofol.de, Technische Vorteile von Bandspulen aus ANO-FOL

Für die Wicklung im Haftmagneten für den HIS® werden ca. 42 g Kupfer benötigt. Bei einer Substitution durch Aluminium ist eine Gewichtseinsparung von ca. 50 Prozent möglich.

Nach den vorangegangenen Berechnungen kann eine minimale Verbrauchsreduzierung und damit eine Senkung der CO_2-Emissionen von 0,42 kg bei einer Fahrleistung von 150.000 km erzielt werden.

Bei einer unterstellten Menge von 1,5 Mio. HIS® p.a. in den nächsten fünf Jahren kann insgesamt eine CO_2-Reduzierung, bei durchschnittlicher Nutzungsphase von 150.000 km, von 3,15 Mio. Tonnen erreicht werden.

Im 8-Gang-Automatgetriebe von ZF sind weitere acht Magnetventile verbaut. Vorausgesetzt, dass eine Substitution durch eloxierte Aluminiumbänder in allen Magnetventilen technisch möglich ist und der begrenzte Bauraum es zulässt, können insgesamt ca. 0,15 kg pro Getriebe eingespart werden. Das entspricht einer CO_2-Reduktion von 3,15 kg bei 150.000 km Fahrleistung pro Fahrzeug und bei 7,5 Mio. Getrieben über 23,6 Mio. Tonnen.

Hieraus leitet sich für die RAPA ab, alle zum Einsatz kommenden Magnetspulen auf Substitutionsmöglichkeiten zu prüfen und eventuell auf Wicklungen aus eloxiertem Aluminiumband umzustellen. Wenn es technisch möglich ist und der zur Verfügung stehende Bauraum es zulässt, kann somit ein Beitrag zur CO_2-Reduzierung geleistet werden.

Wirtschaftliche Betrachtung:

Für den Haftmagnet im HIS® wurde folgende Beispielrechnung angestellt:

Kupferpreis   24.04.2012:   6160,44 €/t

Aluminiumpreis   24.04.2012:   1561,04 €/t

Menge Kupfer/HIS®:   0,042 kg

Menge Aluminium/HIS®:   0,022 kg

Angenommene Menge: 1.500.000 Stück p.a.

1.500.000 Stück * 0,042 kg/Stück * 6.160,44 €/t   =   388.108 € für Kupfer

1.500.000 Stück * 0,022 kg/Stück * 1.561,04 €/t   =   51.514 € für Aluminium

Bei einer Substitution von Kupfer durch Aluminium im HIS® beträgt die Differenz ca. 336.600 €.

Diese Werte basieren auf Grundlage der aktuellen Rohstoffpreise und nicht auf Grundlage der Endprodukte Kupferlackdraht und entsprechend eloxiertes Aluminiumband.

Aus wirtschaftlicher Sicht besteht ebenfalls Handlungsbedarf. Die Möglichkeit eloxierte Aluminiumbänder für die Spulenwicklung zu verwenden, sollte für alle RAPA-Produkte geprüft werden.

7 Zusammenfassung und Ausblick

Ziel der vorliegenden Arbeit war es, alternative technische Lösungen im Antriebsstrang zu untersuchen und Möglichkeiten zur CO_2-Reduzierung für das Produktportfolio der RAPA abzuleiten. Aufgrund der bestehenden Möglichkeit, Aluminium statt Kupfer in Elektromagneten zu verwenden, wurden deren Eigenschaften sowie Vor- und Nachteile gegenübergestellt und die ökologische Wirkung bei der Herstellung, Verarbeitung und in der Nutzungsphase betrachtet.

Die Ergebnisse der Untersuchung ergaben, dass sowohl Aluminium als auch Kupfer in der Primärherstellung schon bei der Förderung und Gewinnung der Rohstoffe die Umwelt erheblich belasten und in der Herstellung sehr energieintensiv sind. Durch die gute Rezyklierbarkeit beider Materialien werden diese Inputs aber signifikant reduziert.

In den folgenden Berechnungen wurde aufgezeigt, dass durch die Verwendung von Aluminium statt Kupfer das Gewicht eines Fahrzeugs reduziert wird und aufgrund des geringeren Kraftstoffverbrauchs weniger CO_2 in der Nutzungsphase emittiert. In der ökologischen Gesamtbetrachtung sind klare Vorteile für die Verwendung von Aluminium gegenüber Kupfer zu erkennen.

Vor dem Hintergrund möglicher Handlungsalternativen zur CO_2-Reduzierung für das Produktportfolio der RAPA hat die Untersuchung ergeben, dass die Substitution von Kupfer durch Aluminium auch in geringen Mengen durchaus sinnvoll sein kann.

Die Untersuchungsergebnisse basieren allerdings auf theoretischen Werten und Berechnungen. Außer Acht gelassen wurde der Faktor Mensch. Mit einer treibstoffsparenden Fahrweise kann der CO_2-Ausstoß signifikanter gesenkt werden als z.B. durch eine Gewichtreduzierung von 100 Kilogramm. Mit der „Bleifuß-Variante" und dem damit verbundenen Fahrspaß steigt auch wieder der Kraftstoffverbrauch. Beides zu verbinden – Fahrspaß und geringeren Verbrauch – ist ein Ziel der Automobilhersteller heute. Zum Beispiel durch die Weiterentwicklung der automatischen Getriebe, sei es das CVT, das DCT oder die Stufenautomatik, soll dieses Ziel, mehr Leistung bei geringerem Verbrauch, erreicht werden. Unterstützende Systeme, wie der HIS®, tragen zu einer Kraftstoffreduzierung bei, ohne auf Komfort und Leistung verzichten zu müssen.

Daraus kann man ableiten, dass die Technik in der Automobilindustrie momentan noch nicht so weit ist, auf Verbrennungsmotoren zu verzichten und auf Elektroantriebe umzustellen. Mit der zunehmenden Hybridisierung tastet sich die Automobilindustrie langsam an einen Umstieg heran.

Es sind erste Schritte in Richtung alternative Antriebe im Automobil. Im Zuge der Elektrifizierung wird das Fahrzeuggewicht eine noch wichtigere Rolle spielen als jetzt. Immer neue Möglichkeiten Aluminium, Karbon, GFK, CFK und andere leichte Materialien im Fahrzeugbau einzusetzen, sind wichtige Meilensteine auf dem Weg zum effizienten Elektrofahrzeug. Künftige Generationen von Elektrofahrzeugen werden von Grund auf neu gestaltet, deshalb können im Voraus beispielsweise größere Bauräume eingeplant werden.

Insgesamt betrachtet ist das Ergebnis der Untersuchung als positiv zu betrachten. Eine Substitution von Kupfer durch Aluminium ist ökonomisch und vor allem auch ökologisch sinnvoll. Vorausschauend auf künftige Elektroautos wird der Einsatz von leichten Materialien immer wichtiger. Dort können Nachteile – z.B. den Bauraum betreffend – durch rechtzeitige Planung und Neukonstruktionen eingerechnet und somit egalisiert werden.

Abkürzungen und Begriffserläuterungen

AT	Automatik Transmission
CFK	Carbonfaserverstärkter Kunststoff
CVT	Continuously Variable Transmisson
DCT	Dual Clutch Transmission
GFK	Glasfaserverstärkter Kunststoff
HIS®	Hydraulischer Impulsspeicher
KEA	Kumulierter Energieaufwand
LCA	Life Cycle Assessment
OEM	Original Equipment Manufacturer
RAPA	Firma Rausch & Pausch GmbH
USGS	United States Geological Survey

Original Equipment Manufacturer: ein Markenproduzent, der ein Markenprodukt herstellt, das ein anderer Hersteller in seine eigenen Produkte integriert und diese Kombination auch beim Kunden als Mehrwert ausweist

Raffination: (Raffinieren oder Raffinierung) bezeichnet im allgemeinen Sinne ein technisches Verfahren zur Reinigung, Veredlung, Trennung und/oder Konzentration von Rohstoffen, Nahrungsmitteln und technischen Produkten.

Reserven: der Teil der Vorratsbasis, der zu einer bestimmten Zeit wirtschaftlich gewonnen oder produziert werden könnte. Reserven beinhalten nur ausbeutbare Stoffe.

Vorratsbasis (reserve base): der Teil einer identifizierten Ressource, welche die spezifischen physikalischen und chemischen Mindestkriterien für die gegenwärtigen Bergbau- und Produktionspraktiken erfüllt.

Abbildungsverzeichnis

Abbildung 1: Schematische Einteilung von alternativen Antrieben mit unterschiedlicher Ausprägung des elektrischen Anteils 10
Abbildung 2: Verbrauchseinsparung durch ZF Automatikgetriebe 13
Abbildung 3: Der Hydraulische Impulsspeicher macht die spritsparende Start-Stopp-Funktion im 8-Gang-Automatgetriebe möglich 14
Abbildung 4: Bausteine einer nachhaltigen CO_2-Strategie 16
Abbildung 5: Schema Bayer-Verfahren 33
Abbildung 6: Hall-Héroult-Prozess 34

Tabellenverzeichnis

Tabelle 1: Vergleich der Leiterwerkstoffe Kupfer und Aluminium 25
Tabelle 2: Herstellungsmethoden für Kupfer, Primär- und Sekundäraluminium 36
Tabelle 3: Auswahl der Wirkungskategorien, Zuordnung der Sachbilanzparameter zu den Wirkungskategorien 38
Tabelle 4: Gegenüberstellung der Umweltbelastungen durch die Herstellung von Kupfer und Aluminium 39
Tabelle 5: Daten zur Berechnung der CO_2-Emissionen in der Nutzungsphase   41
Tabelle 6: Berechnungen CO_2-Reduzierung bei verschiedenen Laufleistungen   44
Tabelle 7: Aufteilung weltweiter Bauxitabbau, Angaben in Millionen Tonnen (2008) 57
Tabelle 8: Verteilung der weltweiten Aluminium-Hüttenproduktion, Angabe in Tausend Tonnen (2009) 58
Tabelle 9: Kupferförderung, Reserven und Vorratsbasis, Angaben in Tausend Tonnen (2009), ... 59

Grafikverzeichnis

Grafik 1: Preisentwicklung von Kupfer und Aluminium 20
Grafik 2: Entwicklung der Kupfererzförderung 28
Grafik 3: Entwicklung Bauxitabbau 32

Anhang A:

Rang	Land	Förderung	Reserven	Vorratsbasis
1.	Australien	63,0	5.800	7.900
2.	China	32,0	700	2.300
3.	Brasilien	25,0	1.900	2.500
4.	Indien	20,0	770	1.400
5.	Guinea	18,0	7.400	8.600
6.	Jamaika	15,0	2.000	2.500
7.	Russland	6,4	200	250
8.	Venezuela	5,9	320	350
9.	Kasachstan	4,8	360	450
10.	Suriname	4,5	580	600
11.	Griechenland	2,2	600	650
12.	Guyana	1,6	700	900
13.	andere Länder	6,8	5.300	9.200
	Welt	205,0	27.000	38.000

Tabelle 7: Aufteilung weltweiter Bauxitabbau, Angaben in Millionen Tonnen (2008)[39]

---

[39] USGS: World Mine Production, Reserves and Reserve Base, 2008

Rang	Land	Produktion	Kapazität
1.	China	13.000	19.000
2.	Russland	3.300	5.150
3.	Kanada	3.000	3.090
4.	Australien	1.970	1.970
5.	USA	1.710	3.500
6.	Indien	1.600	2.000
7.	Brasilien	1.550	1.700
8.	Norwegen	1.200	1.230
9.	VAE	950	950
10.	Bahrain	870	880
11.	Südafrika	800	900
12.	Island	790	790
13.	Venezuela	550	625
14.	Deutschland	520	620
15.	Mosambik	500	570
16.	andere Länder	4.600	6.920
	Welt	36.900	49.900

Tabelle 8: Verteilung der weltweiten Aluminium-Hüttenproduktion, Angabe in Tausend Tonnen (2009)[40]

---

[40] USGS: World Smelter Production and Capacity, 2009

Rang	Land	Förderung	Reserven	Vorratsbasis
1.	Chile	5.390	160.000	360.000
2.	Peru	1.275	63.000	120.000
3.	USA	1.178	35.000	70.000
4.	Indonesien	971	31.000	38.000
5.	China	962	30.000	63.000
6.	Australien	859	24.000	43.000
7.	Russland	742	20.000	30.000
8.	Sambia	562	19.000	35.000
9.	Kanada	494	8.000	20.000
10.	Polen	439	26.000	48.000
11.	Kasachstan	406	18.000	22.000
12.	Kongo, DR	377	k.A.	k.A.
13.	Iran	255	k.A.	k.A.
14.	Mexiko	239	38.000	40.000
15	andere Länder	1.651	70.000	110.000
	Welt	15.800	540.000	1.000.000

Tabelle 9: Kupferförderung, Reserven und Vorratsbasis, Angaben in Tausend Tonnen (2009)[41],[42]

---

[41] USGS, World Mine Production, Reserves, and Reserve Base
[42] Copper Development Association: Anual Data

Literaturverzeichnis

- Aktie-2010.de. (18. 02 2012). *www.aktie-2010.de*. Abgerufen am 25. 04 2012 von http://www.aktie-2010.de/2012/02/aluminiumpreis-bei-1646-profitiert-von.html
- bifa-Umweltinstitut. (2008). *Abschlussbericht - Ressourcenschonung durch effizienten Umgang mit Metallen.* Augsburg: Bayerisches Staatsministerium für Umwelt und Gesundheit.
- Dilba, D. (18. 04 2011). *Trends in der Automobilbranche.* Abgerufen am 20. 04 2012 von www.spiegel.de: http://www.spiegel.de/wissenschaft/technik/0,1518,756314,00.html
- Dipl.-Ök. Rainer Lucas, P. D.-S.-P. (2008). *Kupfereffizienz – unerschlossene Potenziale, neue Perspektiven.* Wuppertal: Wuppertal Institut für Klima, Umwelt, Energie GmbH.
- Döhla, W. (2000). *Ventilsysteme für die Luftfederung.* Landsberg/Lech: verlag moderne industrie.
- Dr. Bohr, B. (06 2011). *Treibende Kraft im Wandel der Automobilindustrie.* Abgerufen am 15. 03 2012 von www.bosch-presse.de: http://www.bosch-presse.de/presseforum/details.htm?txtID=5154
- Dr. R. Stromberger, D. J. (2006). *www.bmwgroup.com*. Abgerufen am 24. 04 2012 von http://www.bmwgroup.com/publikationen/d/2006/pdf/Integrated_Approach_Konzept_2006.pdf
- Eberle, R. (28. 08 2000). Dissertation: Methodik zur ganzheitlichen Bilanzierung im Automobilbau. Berlin.
- Feifel, W. W. (2009). *Ökobilanzierung 2009, Ansätze und Weiterentwicklungen zur Operationalisierung von Nachhaltigkeit.* Scientific Publishing.

- Gebauer und Griller. (24. 04 2012). *www.griller.at.* Abgerufen am 24. 04 2012
- GmbH, F. K. (kein Datum). *www.netzwerk-lebenszyklusdaten.de.* Abgerufen am 24. 04 2012
- Goede, D.-I. M. (2007). *www.aachen-colloquium.com.* Abgerufen am 10. 03 2012 von http://www.aachen-colloquium.com/pdf/Vortr_Nachger/2007/Goede.pdf
- Hans-Hermann Braess, U. S. (Hrsg.). (2001). *Handbuch Kraftfahrzeugtechnik, 1. Auflage.* Vieweg.
- Kaschenz, H. (1999). *KEA - Mehr als eine Zahl - Basisdaten und Methoden zum Kumulierten Energieaufwand (KEA).* Umweltbundesamt.
- Kücükay, P. D.-I. (2007). *Getriebe im Automobil - Einführung in die Fahrzeug- und Getriebetechnik.* Sulzbach: IIR Verlag GmbH.
- Mike Omotoso, J. D. Power and Associates. (2008). *Alternative Powertrain Sales Forecast.* Automotive Forecasting. The McGraw-Hill Companies.
- Schlick, D. T. (3. 03 2011). Automobillandschaft 2025: Das vernetzte Auto als Innovationstreiber. (R. B. Consultants, Hrsg.)
- Schmitz, E. (05. 04 2012). Bereichsleiter ANO-FOL. (G. Rösel, Interviewer)
- Vinaricky, E. (2002). *Elektrische Kontakte, Werkstoffe und Anwendungen, 2. Auflage.* Heidelberg New York: Springer-Verlag-Berlin.
- Wehner, A. (11. 07 2011). *www.aluinfo.de.* Abgerufen am 10. 04 2012 von http://www.aluinfo.de/index.php/gda-news-de/items/aluminium-im-automobil---der-richtige-werkstoff-am-richtigen-platz.htmlg
- *www.anofol.de.* (24. 04 2012).
- *www.boerse.de.* (04 2012).
- *www.cupal.de.* (24. 04 2012).

- *www.kupfer-institut.de.* (24. 04 2012).
- *www.zf.com.* (24. 04 2012).

i want morebooks!

Buy your books fast and straightforward online - at one of world's fastest growing online book stores! Environmentally sound due to Print-on-Demand technologies.

Buy your books online at
www.get-morebooks.com

Kaufen Sie Ihre Bücher schnell und unkompliziert online – auf einer der am schnellsten wachsenden Buchhandelsplattformen weltweit! Dank Print-On-Demand umwelt- und ressourcenschonend produziert.

Bücher schneller online kaufen
www.morebooks.de

VDM Verlagsservicegesellschaft mbH
Heinrich-Böcking-Str. 6-8   Telefon: +49 681 3720 174   info@vdm-vsg.de
D - 66121 Saarbrücken   Telefax: +49 681 3720 1749 www.vdm-vsg.de